Dans la même collection

ISBN 2-07-039512-X
© Editions Gallimard, 1983
Ier dépôt légal: septembre 1983
Dépôt légal: decembre 1985
Numéro d'édition: 36720
Imprimé par la Editoriale Libraria en Italie

LE LIVRE DU CIEL

COLLECTION DECOUVERTE CADET

Jean-Pierre Verdet
Illustrations
de
Christian Broutin
et
Christine Adam
Jean-Louis Besson
Isaï Correia
André Rollet

GALLIMARD

Le bel après-minuit

Plus blanche que la neige et les cristaux de sel
La flore de la nuit épanouit ses pétales
Et grandit remplissant les espaces du ciel
Où tel cheval d'azur hennit rue et détale

Vers des prairies semées de récentes étoiles
A travers des moissons d'astres et de reflets
Du feu de quatre fers éclaboussant les voiles
Il plonge au plus profond des ténèbres de lait
…
Mais la lune à cette heure en robe de mariée
Traîne à ses talons blancs la nébuleuse et blanc
blanc comme le matin sur la mer pétrifiée
Le bélier de l'aurore apprête son élan

La comète à son front a mis ses étincelles
Belle négresse ô lune où vas-tu d'un pas lent
Retrouver ton époux aux yeux de mirabelle
Dont Vénus bassina le lit d'un corps galant

Champagnes ruisselez dans les constellations
Si les vins sont pareils aux étoiles liquides
Retrouvons ô Bourgogne en toi la création
Des monstres fabuleux de l'éther et du vide

Nous ferons apparaître en pressant les raisins
Mercure et Jupiter et le Cancer et l'Ourse
En dépit des flambeaux reflétés
*   dans le vin*
Et du soleil baigné dans la fraîcheur
*   des sources*
…

Robert Desnos

CE LIVRE

APPARTIENT A

7

La nuit

Le soleil vient de disparaître. Dans les dernières lueurs de son couchant, la planète Vénus brille. La nuit s'avance. Une à une les étoiles s'allument. Les plus brillantes dessinent de grandes figures : les constellations. Vous les retrouverez, aux mêmes périodes de l'année, toujours identiques à elles-mêmes. Toutes semblent tourner lentement autour de l'une d'entre elles, l'étoile Polaire, nombril du monde qui marque le nord.

Des étoiles par milliers

Maintenant c'est la nuit. Une belle nuit, loin de l'atmosphère empoussiérée des villes. Des multitudes d'étoiles scintillent. Des multitudes ? Non ! Votre œil n'en discerne que quelques milliers. À peine plus de cinq mille. Si vous disposez d'une bonne jumelle, vous en percevrez des centaines de milliers. Les astronomes, grâce à leurs grands télescopes, en dénombrent des centaines et des centaines de millions.

Un long ruban : la Voie Lactée

Au milieu des étoiles, un long ruban faiblement lumineux s'étire. C'est la Voie Lactée. Longtemps les hommes crurent qu'elle était formée par des exhalaisons de la terre. Maintenant on sait qu'il s'agit d'un immense regroupement de milliards

d'étoiles : grande roue plate dans laquelle notre système solaire est plongé et que nous voyons par la tranche.

La nuit
tient le miroir rond
de la lune
dans sa main.

Anna de Noailles

Mystère du ciel

En revenant du bal, je m'assis à la fenêtre et je contemplai le ciel : il me sembla que les nuages étaient d'immenses têtes de vieillards assis à une table et qu'on leur apportait un oiseau blanc paré de ses plumes. Un grand fleuve traversait le ciel. L'un des vieillards baissait les yeux vers moi, il allait même me parler quand l'enchantement se dissipa, laissant les pures étoiles scintillantes.

Max Jacob

Les constellations

*La Grande Ourse
donne le sein
à ses étoiles
ventre en l'air.*

*Et grogne
et grogne !
Gare à vous,
jeunes étoiles
trop tendres !*

F. G. Lorca

De la Grande
Ourse à l'Étoile
Polaire.

À n'importe quelle époque de l'année, à n'importe quelle heure de la nuit, un signe vous permettra toujours de vous retrouver dans la multitude des étoiles. Ce signe, c'est la constellation de la Grande Ourse, que d'autres appellent le Chariot, alors qu'elle ressemble à une casserole !

C'est une grande constellation de sept étoiles. Trois d'entre elles forment une ligne brisée, les quatre autres un rectangle légèrement déformé. Le Chariot repéré, partez à la découverte de l'étoile Polaire, le point fixe du ciel, autour duquel les autres étoiles semblent tourner. Il suffit de prolonger la ligne qui joint le fond du Chariot d'une distance égale à cinq fois la distance entre les deux étoiles du fond.

> *J'ai tendu des cordes de clocher à clocher ;*
> *des guirlandes de fenêtre à fenêtre ;*
> *des chaînes d'or d'étoile à étoile, et je danse.*
> Arthur Rimbaud

Là se tient la Polaire, une étoile peu brillante. Si la nuit est belle, vous embrassez d'un seul coup d'œil la Petite Ourse, image réduite et inversée de la Grande Ourse.

La constellation du Dragon se compose de 16 étoiles. Cherchez-la dans les cartes du ciel, de la page 20 à la page 27.

Vous pouvez maintenant continuer votre voyage dans l'océan des étoiles. Entre la Grande Ourse et la Petite Ourse, une série d'étoiles, formant une longue ligne courbe, commence d'envelopper la Petite Ourse et brusquement se retourne, puis se termine par quatre étoiles disposées en losange. C'est le Dragon qui s'étire dans le ciel.

*Entends, ma chère, entends la douce Nuit
qui marche.*

Charles Baudelaire

*Bételgeuse et les
   Trois Rois
viennent boire
   dans ta main
Céléno Mériope
   Orion
Antarès et Procyon
sont blottis contre
   tes flancs
le Centaure et le
   Grand Chien
se sont couchés
   à tes pieds
si je te prends
   dans mes bras
j'embrasse le ciel
   entier*

Claude Roy

Vers l'extrémité de la queue du Dragon, du côté de l'étoile Polaire, vous découvrirez la Girafe, constellation d'étoiles peu brillantes. Puis, revenez à la Grande Ourse et repérez l'étoile du Timon la plus proche du Chariot. De là partez vers l'Étoile Polaire et prolongez votre route d'une longueur égale : vous rencontrerez une petite constellation en forme de W : Cassiopée. Entre le Dragon et Cassiopée, vous verrez Céphée.

Cassiopée, Céphée, des noms qui sonnent étrangement. Depuis les temps les plus lointains, les astronomes ont groupé les étoiles suivant les figures qu'elles dessinent, peuplant ainsi le monde silencieux du ciel d'animaux fantastiques et de personnages légendaires : Orion, le Dragon, le Centaure, Persée, Cassiopée ou Ophiucus.

*Entre la plus lointaine étoile et nous
la distance, inimaginable, reste encore
comme une ligne, un lien, comme un chemin.*

Philippe Jacottet

Les héros de la mythologie

Cassiopée était l'épouse de Céphée. La légende dit que cette reine

*Il était minuit,
et l'Ourse
De son char
tournait la
course
Entre les mains
du Bouvier,
Quand le somme
vint lier
D'une chaîne
sommeillière
Mes yeux clos
sous la
paupière.*

Ronsard

d'Éthiopie se prétendait la plus belle des femmes, plus belle même qu'Héra, déesse des déesses. Mais Héra était jalouse et querelleuse. Avec la complicité du dieu de la mer, elle envoya une baleine ravager les côtes d'Éthiopie et exigea, pour apaiser sa colère, qu'Andromède, fille de Cassiopée, fût sacrifiée au monstre marin. Persée, chevauchant Pégase, passait par là, et délivra Andromède qu'il emmena avec lui. Cassiopée, elle, fut changée en constellation. Voilà pourquoi, dans le ciel, autour de Cassiopée, vous retrouverez tous les acteurs de ce drame mythologique.

Les étoiles aux pôles

Pôle Nord

1. La Petite Ourse. 2. Céphée. 3. Cassiopée. 4. Andromède. 5. Persée. 6. Le Cocher. 7. Le Lynx. 8. L'Étoile Castor. 9. La Grande Ourse. 10. Le Lion. 11. Le Bouvier. 12. Le Dragon. 13. Hercule. 14. La Lyre. 15. Le Cygne.

Dans le ciel de velours violet, les étoiles brillaient, innombrables. Ce n'étaient plus des douces étoiles de l'été. Elles scintillaient durement, claires et froides, cristallisées par le gel de la nuit...

Marcel Pagnol

Pôle Sud

1. Le Phénix. 2. La Grue. 3. Le Toucan. 4. L'Hydre. 5. Le Paon. 6. L'Octant. 7. Le Triangle. 8. L'Autel. 9. Le Scorpion. 10. Le Loup. 11. La Croix. 12. Le Navire. 13. La Dorade. 14. La Colombe. 15. Éridan. 16. Le Centaure.

15

Les étoiles à l'équateur

Heureuse la nuit dont tremblait la Grande Ourse sous des cimes renversées dans un canal quand j'écoutais à travers tes chuchotements se lever ma fièvre.

Jean Grosjean

Iles vivantes, bracelets d'îles en flammes, pierres ardentes qui respirent, grappes de pierres vivantes, sources, clartés, chevelure sur une épaule sombre, combien de rivières là-haut et ce bruit lointain de l'eau contre le feu !

Octavio Paz

1. Pégase 2. Verseau 3. Capricorne 4. Poissons 5. Poisson austral 6. Cygne 7. Dauphin 8. Aigle 9. Lyre 10. Hercule 11. Ophiucus 12. Serpent 13. Sagittaire 14. Scorpion 15. Balance 16. Vierge 17. Bouvier 18. Couronne 19. Petit Lion 20. Lion 21. Hydre 22. Argo 23. Grand Chien 24. Licorne 25. Petit Chien 26. Cancer 27. Gémeaux 28. Orion 29. Taureau 30. Cocher 31. Pléiades 32. Persée 33. Andromède 34. Bélier 35. Baleine 36. Éridanus 37. Lièvre

Comment ne pas perdre le nord

Depuis les temps les plus lointains, sous toutes les latitudes, l'imagination humaine a regroupé les étoiles par familles : les constellations ou astérismes. Vous trouverez les constellations les plus importantes sur les cartes des pages 20 à 27. Les pages suivantes sont réservées à nos régions, celles dont la latitude moyenne est 45 degrés. Elles vous montrent l'aspect du ciel, au début de la nuit, pour chaque saison. Ce sont les constellations qui permettent de ne pas se perdre dans la forêt des étoiles. Cherchez vous-même des astuces d'alignements pour passer d'une constellation à l'autre, d'une constellation à une étoile, pour cela partez des premiers conseils donnés aux pages 10-11.

Mais il faut d'abord savoir s'orienter. À l'aide d'une boussole, c'est très simple : la pointe bleue de l'aiguille aimantée indique le nord magnétique. Le nord géographique, celui qui vous intéresse, est un peu à droite du nord magnétique. Là, vous verrez la Petite et la Grande Ourse.

Sans boussole, une montre fera l'affaire. Avant tout, il faut mettre cette montre à l'heure du soleil. C'est-à-dire la retarder d'une heure en automne et en hiver, ou de deux heures au printemps et en été. En-

Les étoiles familières de nos latitudes penchent
  penchent sur le ciel
L'étoile Polaire descend de plus en plus sur l'horizon nord
  Orion — ma constellation — est au zénith

Blaise Cendrars

suite il suffit que le soleil apparaisse. Dirigez alors la petite aiguille vers le soleil. À l'aide d'une brindille, partagez en deux parties égales l'angle formé par la petite aiguille et une ligne allant du centre de la montre au nombre 12. La brindille indique la direction nord-sud.

Et, si l'on ne dispose ni d'une boussole ni d'une montre, c'est encore le soleil qui permet de s'orienter. On sait que le soleil se lève à l'est et se couche à l'ouest (c'est tout à fait exact le 21 mars et le 23 septembre). Il suffit de placer l'est à sa droite et l'ouest à sa gauche pour être face au nord.

Sur le large fil de la Voie lactée
Qui ne tremble pas plus qu'une
  branche sous le vent,

Minuit,
Attendu tellement par les malheureux,

Étend
Sa chemise blanche de bienheureux
  dont les pans

Embués de lune, de songe
  et de bois traversés

Tombent jusque sur notre vie,
  fragiles sur des êtres fragiles

Armand Robin

Les étoiles du printemps

Le Dragon est une très vieille constellation : elle nous vient de Babylone. Quand Mardouk, dieu suprême des Babyloniens, eut vaincu les monstres issus du Chaos, il prit le corps de Tiamat, le Dragon géant, et l'ouvrit en deux parties comme un coquillage. Avec une moitié, Mar-

Une étoile monte au loin,
Vive et nue comme une plainte.
Sous le velours des soupirs
L'esprit dévale en silence
Les cascades du sommeil.

Maurice Fombeure

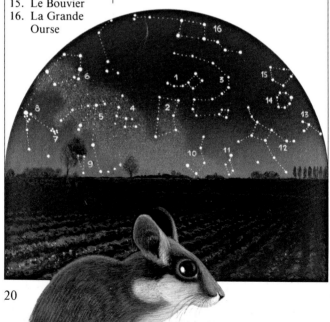

Le Dragon

douk créa la terre avec ses vallées, ses montagnes et ses fleuves. L'autre moitié devint le ciel avec le soleil et la lune. Là, il incrusta l'Étoile Polaire et autour d'elle il disposa les étoiles de telle sorte qu'elles dessinent pour l'éternité la forme de Tiamat : c'est la constellation du Dragon.

Pas à pas
le ciel troublant me suit
et s'étonne
avec moi

J.-P. Berthet

Vers le Sud

1. La Vierge
2. Le Lion
3. La Chevelure
4. La Grande Ourse
5. Le Cancer
6. Les Gémeaux
7. Orion
8. Le Grand Chien
9. L'Hydre
10. La Coupe
11. Le Corbeau
12. Le Bouvier

Les étoiles de l'été

Dans la constellation de la Lyre brille Véga, juste au-dessus de la Voie Lactée. Juste au-dessous brille Altaïr, dans l'Aigle. Une légende veut que Véga soit une fileuse, fille d'un dieu, et qu'Altaïr soit un pauvre garçon vacher. Et que la fileuse

L'été, lorsque le jour a fui,
*   de fleurs couverte*
La plaine verse au loin
*   un parfum enivrant ;*
Les yeux fermés, l'oreille
*   aux rumeurs entr'ouverte,*
On ne dort qu'à demi
*   d'un sommeil transparent.*

Victor Hugo

La Lyre et l'Aigle

aime le garçon vacher ! Une fois par an, le septième jour du septième mois, toutes les corneilles de la terre prennent leur envol et forment un pont sur lequel la fileuse traverse la Voie Lactée pour retrouver son garçon vacher et l'aimer secrètement.

Les astres sont plus purs,
l'ombre paraît meilleure ;
Un vague demi jour
teint le dôme éternel ;
Et l'aube douce et pâle,
en attendant son heure,
Semble toute la nuit,
errer au bas du ciel.

Victor Hugo

Vers le Sud
1. La Lyre
2. Hercule
3. Ophiuchius
4. La Couronne
5. Le Bouvier
6. La Vierge
7. La Balance
8. Le Sagittaire
9. Le Capricorne
10. Le Verseau
11. Les Poissons
12. Pégase
13. Le Dauphin
14. L'Aigle
15. Le Cygne
16. Le Serpent
17. Le Scorpion

Les étoiles de l'automne

La constellation des Poissons est bien connue des Indiens d'Amérique du Nord. Elle leur rappelle le temps où, vivant au pays de l'hiver sans fin, ils naissaient affublés d'une queue de poisson ! Quand ils furent las de ce froid perpétuel, ils décidèrent d'aller sur la Grande Montagne ; là, celui qu'on appelait Goulu sauta et fit une brèche dans la voûte du ciel. Un air doux et chaud coula vers le pays de la

Les Poissons

tribu des Poissons. Quand la moitié de l'air chaud fut partie, les habitants du ciel se fâchèrent, tuèrent le chef des Indiens et refermèrent la brèche. À la nuit tombante, les Indiens aperçurent une nouvelle constellation, celle des Poissons. Depuis ce jour, les Indiens naissent sans queue de poisson et vivent dans un pays où l'air est tantôt frais, tantôt doux.

Vers le Sud

1. Pégase
2. Le Dauphin
3. Le Verseau
4. Le Capricorne
5. L'Aigle
6. Le Cygne
7. Ophiuchius
8. Le Sagittaire
9. Le Poisson Austral
10. La Baleine
11. Leridan
12. Les Poissons
13. Le Serpent

Les étoiles de l'hiver

Si Dieu fit briller la constellation du Bélier, c'est pour que les hommes se souviennent que le Diable l'avait défié, en voulant lui aussi créer un monde. Le Diable avait pris un peu de boue et modelé un bélier. Puis il s'était efforcé de lui donner vie, tournant et bêlant autour de l'animal. Dieu le laissa faire ainsi durant deux jours et descendit sur terre lui

26

Le Bélier

demander l'objet de son embarras. D'abord réticent, le Diable avoua qu'il cherchait vainement à donner vie à son bélier. Alors Dieu toucha la tête de l'animal, dit deux fois « bé ! ». Le bélier commença à respirer, son corps frémit, ses pattes s'agitèrent et, d'une traite, il gagna les buissons voisins. Le diable, penaud, ne garda dans la main que la queue du bélier.

Vers le Sud

1. Orion
2. Le Taureau
3. Les Pléïades
4. Persée
5. Le Bélier
6. Le Cocher
7. Andromède
8. Pégase
9. Les Poissons
10. Le Verseau
11. La Baleine
12. Eridan

La lumière

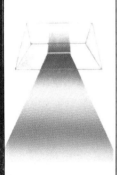

Le prisme de
Newton décompose
la lumière.

La lumière court à 300 000 km à la seconde. Il lui faut cinq années pour parvenir de l'étoile la plus proche jusqu'à nous. Les astronomes ne peuvent observer de près les étoiles, ils les étudient à partir du faible faisceau de lumière qui leur en parvient. Ils ont longtemps observé le ciel à l'œil nu, mais en décembre 1609, à Venise, Galilée découvre, grâce à la première lunette, les montagnes lunaires, les satellites de Jupiter et l'anneau de Saturne.

L'arc-en-ciel

A la fin du XVIIe siècle, Newton, à l'aide d'un prisme de verre, décompose la lumière visible en une somme d'éléments colorés, les sept couleurs de l'arc-en-ciel. Il donne ainsi aux astronomes le moyen d'étudier les astres, leur composition chimique, leurs températures, leurs pressions...

De part et d'autre de l'arc-en-ciel mis en évidence par Newton, les astres diffusent des radiations auxquelles l'œil est insensible : les infra-rouges à gauche du spectre et les ultraviolets à droite.

La plupart de ces radiations ne traversent pas les couches de l'atmosphère, qui s'étend sur plus de 10 000 km d'altitude. Partant du sol, on rencontre d'abord la troposphère ; elle contient l'air que nous respirons. Au-dessus de 10 km commence la stratosphère et sa couche d'ozone qui nous protège des dangereuses radiations ultra-violettes. Au-dessus de 80 km, c'est l'ionosphère formée d'azote et d'oxygène extrêmement raréfiés. Au-dessus de 10 000 km commence une couche où les molécules et les atomes peuvent s'échapper et fuir dans l'espace ; c'est l'exosphère.

Le caillou veut être lumière.
Il fait luire dans l'obscurité
des fils de phosphore et de
lune.
« Que veut-il » ? se dit
*   la lumière.*
Dans ses limites d'opale,
elle se rencontre elle-même
et revient.
Federico Garcia Lorca

Géantes rouges et naines blanches

Hier.

(Étoiles bleues.)

Demain.

(Petites étoiles blanches.)

Aujourd'hui.

(Songe fleur endormie dans le vallon de la jupe.)

Hier.

(Étoiles de feu.)

Demain.

(Étoiles violettes.)

F. G. Lorca

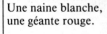

Une naine blanche, une géante rouge.

Les étoiles sont d'immenses sphères de gaz chauds. En leur centre brûle une bombe à hydrogène. Il faut une observation attentive pour distinguer leurs différences de couleurs.

La brillance et la couleur

Par une nuit de juillet, observez Véga et Arcturus. Véga brille dans la constellation de la Lyre. Arcturus, dans le Bouvier. Ces deux étoiles ont sensiblement la même brillance, mais Véga est bleuté et Arcturus rougeâtre. La cause en est simple : la surface de Véga est à plus de 10 000 degrés, celle d'Arcturus à environ 4 000. Pour estimer la température des étoiles, les astronomes ne s'y prennent pas autrement que les forgerons pour estimer celle du fer : ils regardent leurs couleurs !

La taille et le poids

Les tailles des étoiles diffèrent aussi. Notre soleil est une étoile moyenne. Son diamètre est de 1 400 000 km. Bételgeuse, dans la constellation d'Orion, est 700 fois plus grosse. Le compagnon de Sirius, lui, est 100 fois plus petit que le soleil. Pourtant, il a le même poids. Car le poids des étoiles ne dépend pas de leurs tailles.

Certaines étoiles vivent par deux, comme Sirius et son compagnon. Elles sont liées l'une à l'autre comme le sont la terre et la lune.

*Je suis danseur sur la corde des lunes
et la corde des songes
l'étoile est née d'un tremblement de la nuit.*
Aldébaran

Étoiles très brillantes:

Sirius (Le Grand Chien)		Blanche et compagne naine jaune
Canopus (La Carène)		Géante jaune
Alpha Centauri (Le Centaure)		Système de 3 étoiles
Arcturus (Le Bouvier)		Géante rouge
Véga (La Lyre)		Blanche
Rigel (Orion)		Géante bleue
Capella (Le Cocher)		Système de 2 géantes jaunes
Procyon (Le Petit Chien)		Jaune et compagne naine blanche
Achernar (Eridan)		Bleue
Beta Centauri (Le Centaure)		Bleu-blanc
Altaïr (L'Aigle)		Blanche
Aldébaran (Le Taureau)		Géante rouge
Acrux (Le Croix du Sud)		Système de 2 étoiles bleu-blanc
Bételgeuse (Orion)		Supergéante rouge
Antarès (Le Scorpion)		Supergéante rouge petit compagnon vert

Leurs couleurs
Leurs tailles

Le système solaire

Les planètes	Leur distance par rapport au soleil (en millions de km)	Durée de leur révolution autour du soleil	Durée de leur rotation sur elles-mêmes	Leur diamètre (en km)	Le nombre de leurs satellites
Mercure ☿	58	88 jours	58 jours	4 900	0
Vénus ♀	108	225 jours	243 jours	12 100	0
Terre ♁	150	365 jours	24 h	12 800	Lune
Mars ♂	230	687 jours	25 h	6 800	2
Jupiter ♃	780	12 ans	10 h	143 000	16
Saturne ♄	1 420	29 ans	10 h	120 000	17
Uranus ♅	2 900	84 ans	11 h	51 000	5
Neptune ♆	4 500	165 ans	16 h	49 000	2
Pluton ♇	6 000	248 ans	inconnue	2 700	1

Le système solaire est notre petit coin d'univers. Il est constitué par le soleil et l'ensemble des objets qui tournent autour de lui : les planètes et leurs satellites, les astéroïdes, les comètes et les météorites.

Taille des planètes par rapport au soleil.

1. Mercure
2. Vénus
3. Terre
4. Mars
5. Jupiter
6. Saturne
7. Uranus
8. Neptune

L'histoire du système solaire

La terre
*   file son chemin*
Et tourne
*   autour de son*
*   idée*
Mais force
*   champs,*
*   villes, jardins*
A garder
*   l'immobilité.*

Jules Supervielle

Longtemps les hommes crurent que la terre était immobile au centre du monde et que tout le ciel tournait autour de l'Étoile polaire. En 1543, Copernic affirma qu'elle tournait sur elle-même en un jour, et autour du soleil en un an.

Depuis quatorze siècles, le système de Ptolémée régnait en maître sur l'astronomie occidentale. La terre trônait au milieu du monde. Autour

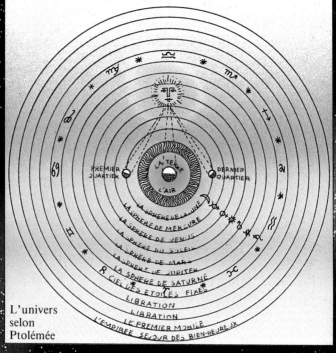

L'univers
selon
Ptolémée

d'elle, accrochés à de multiples sphères, gravitaient d'abord la lune, puis Mercure et Vénus, enfin le soleil, Mars, Jupiter et Saturne. Cet univers était enfermé dans une ultime sphère dans laquelle les étoiles étaient enchassées. Cette sphère tournait sur elle-même, d'est en ouest, en un jour. Le soleil se promenait autour de la terre d'ouest en est, en une année.

Copernic

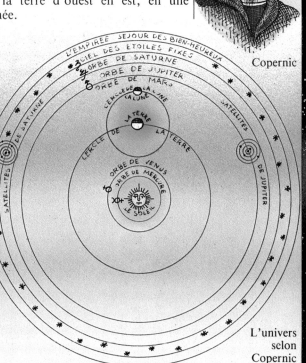

L'univers
selon
Copernic

Les planètes

Télescope
(25 m de diamètre).

Le sol de Mercure

Vénus

Les étoiles brillent par elles-mêmes ; les planètes, corps obscurs, ne font que refléter la lumière du soleil.

Neuf planètes aujourd'hui sont connues ; cinq seulement sont observables à l'œil nu.

Mercure. Brûlé par le soleil proche, dépourvu d'atmosphère, à peine plus gros que la lune, Mercure est un gros rocher inhospitalier. Le jour, la température peut atteindre 400 °C et la nuit descendre jusqu'à — 200 °C. De couleur jaunâtre, Mercure est difficilement visible.

Vénus. Vénus non plus n'est pas très hospitalière. Les journées durent près de quatre de nos mois. La température y est encore plus étouffante que sur Mercure, plus de 450 °C. L'atmosphère, chargée de gros nuages, emprisonne la chaleur accumulée. Grâce à ces nuages très réfléchissants, Vénus brille fort dans la nuit.

Mars. Des calottes polaires qui grandissent pendant l'hiver martien, des plaines qui rougeoient et verdoient au rythme des saisons : Mars passait pour la sœur jumelle de la terre. Les sondes spatiales ont brisé ce vieux rêve. Mars ressemble plus à la lune qu'à la terre. Pas de vapeur d'eau dans l'atmosphère, très peu d'eau à la surface, des différences de température importantes. Aucune

trace de vie sur la planète rouge.

Les astéroïdes. Entre les orbites de Mars et de Jupiter circulent de nombreux petits corps : les astéroïdes ou petites planètes. Les plus importants ont des diamètres qui restent inférieurs à 1 000 km.

Jupiter. Première des grosses planètes, Jupiter circule à plus de 750 millions de kilomètres du soleil. C'est le monde du froid (−150 °C). Son atmosphère est composée d'hydrogène, d'hélium et d'ammoniac. Ses larges bandes nuageuses sont agitées de tourbillons, de tornades et de cyclones.

Saturne. Saturne ressemble à Jupiter. Avec son superbe anneau, elle est longtemps restée l'oiseau rare du système solaire. En 1977, Uranus passa devant une étoile brillante ; avant que la planète passe devant l'étoile, la lumière de celle-ci disparut à plusieurs reprises. Uranus comme Saturne aurait donc des anneaux.

Uranus et Neptune. Très lointaines, très difficiles à observer, ces deux planètes ressemblent beaucoup à Jupiter et à Saturne.

Pluton. Perdu aux confins du système solaire, Pluton ne ressemble pas aux planètes qui gravitent loin du soleil. Il se rapprocherait plutôt de Mars ou de la terre. Peut-être est-il un satellite arraché à Neptune.

La tache rouge de Jupiter

Mars
*Il est rouge
  et malicieux,
Les yeulx petitz,
  et noirs cheveux,
Rousse barbe a,
  et rond visaige,
Hideux regard
  et fier couraige.*

Une sonde sur le sol de Mars

Saturne

Comètes et météorites

On peut voir à Bayeux une très longue tapisserie, brodée, dit-on, par la reine Mathilde, au XIe siècle. Elle relate la conquête de l'Angleterre par Guillaume de Normandie. Une des scènes représente des personnages montrant du doigt un astre étrange. Au-dessus est écrit : « Ceux-ci admirent l'étoile. »

En réalité, il ne s'agit pas d'une étoile, mais d'une comète dont on connaît bien l'histoire : la comète de Halley, du nom de l'astronome qui, en 1682, en reconstitua la trajectoire. Elle passe près de la terre environ tous les 75 ans. Vous pourrez l'admirer en 1985.

Considérées comme appartenant à l'atmosphère terrestre, puis comme messagères des mondes invisibles, on sait aujourd'hui que les comètes appartiennent, pour la plupart, au système solaire. Elles se composent d'une petite boule brillante, le noyau. Il entraîne dans sa course un immense appendice gazeux qu'il alimente perpétuellement, comme le faisait une locomotive pour son panache de vapeur. Cette chevelure de la comète, toujours dirigée à l'opposé du soleil, contient de l'azote, de l'oxyde de carbone et du cyanogène, tous gaz assez nocifs. Soyez sans crainte, ces gaz sont si dilués qu'ils deviennent inoffensifs.

ISTI MIRANT STELLA

Nous sommes en août. La nuit est claire. Soudain une étoile semble se détacher du firmament. Elle glisse et s'évanouit dans une ultime étincelle : une étoile filante ! Juillet 1908, en Sibérie centrale, un fracas assourdissant retentit soudain : un bolide de 40 000 tonnes vient de dévaster la forêt sibérienne sur 60 km de diamètre. Les météorites de cette taille sont heureusement beaucoup plus rares que les étoiles filantes.

Elles sont les cailloux du système solaire et se promènent, généralement par bandes, autour du soleil. Il arrive que la terre croise un essaim de météorites. Il s'ensuit une pluie d'étoiles filantes. La plus célèbre est connue depuis le IXe siècle et se produit à la mi-août. Ces météorites sont les poussières d'une comète pulvérisée. Elles sont minuscules — quelques dixièmes de grammes — et n'offrent aucun danger pour la terre : les météorites ont brûlé dans l'atmosphère avant d'atteindre le sol.

La comète de Halley, d'après la tapisserie de Bayeux (XIe s.)

Météorite ferrugineuse

Météorite pierreuse

Cratère dû à la chute d'une météorite (Arizona).

Nébuleuses et galaxies

Nébulosité
dans Orion

Une observation du ciel à l'œil nu, pourvu que la nuit soit parfaite, permet de remarquer quelques objets légèrement flous. Ces objets ne vagabondent pas parmi les constellations comme le font les planètes.

L'utilisation des lunettes, puis des grands télescopes, a multiplié les découvertes de ces objets diffus qu'on baptisa du nom, lui-même un peu flou, de nébuleuses.

La nébuleuse
du Crabe

*d'immenses soleils
vagabondent et
l'espace n'est plus
qu'un merveilleux
mouvement
de lumière.*

Aldébaran

On sait maintenant que le terme de nébuleuses regroupe des objets très différents. Les uns sont des masses de gaz et de poussières, les autres sont des regroupements d'étoiles. Les masses de gaz appartiennent à notre Galaxie, les regroupements d'étoiles, beaucoup plus lointains, lui sont extérieurs : ils sont d'ailleurs eux-mêmes des galaxies contenant des milliards d'étoiles.

C'est le cas de la galaxie des Chiens de Chasse et de la Grande Nébuleuse d'Andromède, l'une des rares visibles à l'œil nu et déjà signalée au Xᵉ siècle par les astronomes arabes. La plus étudiée des masses de gaz est la nébuleuse du Crabe. Elle est le résidu d'une étoile après son explosion observée par les Chinois en 1054. Elle devint alors si brillante que son éclat dépassait celui de Vénus, l'étoile du Berger, et qu'elle demeura visible en plein jour pendant près d'un an. Aujourd'hui, un gros télescope est indispensable pour la voir. Au centre de l'enveloppe déchiquetée qui se perd lentement dans l'espace, une étoile minuscule tournoie sur elle-même à grande vitesse, reste de la formidable explosion qui la détruisit.

Notre galaxie :

de face,

de profil.

La galaxie des Chiens de Chasse

la lune bleue
à l'horizon du ciel
lentement se lève offerte
au rêve continu
du paysage.
la lune bleue
à l'horizon du soir
lentement se lève
comme un nouveau rêve d'Angoisse
offert au paysage.
la lune bleue
à l'horizon du paysage
lentement se lève
lentement offerte
au rêve noir du nouveau poète
qui lentement marche
parmi l'agonie du paysage.

Aldébaran

La lune

La lune est notre compagne. Elle nous suit dans notre course autour du soleil et le jeu des positions respectives de la lune, de la terre et du soleil provoque ce phénomène simple à observer et à comprendre, les phases de la lune. Tous les 29 jours et demi, la lune prend le même aspect et scande le temps qui passe.

Observez attentivement chaque pleine lune ; même à l'œil nu, vous remarquerez toujours les mêmes dessins sur la surface lunaire. La lune nous présente toujours la même face.

La raison en est simple, elle tourne sur elle-même dans le même temps que celui qu'il lui faut pour faire le tour de la terre : 27 jours et presque 8 heures.

C'était, dans la nuit brune,
Sur le clocher jauni,
La lune,
Comme un point sur un i.
Alfred de Musset

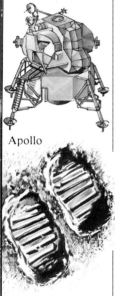

Apollo

Traces de pas
d'Armstrong.

*En attendant
de me mêler
à cette chose
sans nom,
je l'appelle
encore l'Espace.
Le mot
rafraîchit ma
pensée,
— et je marche.*
Jean Tardieu

Notre satellite est si proche de nous, à peine à 385 000 kilomètres, que les grands détails de sa surface sont connus depuis longtemps : régions claires, dites continents, et régions sombres, les mers. Les astronomes savaient bien avant de débarquer sur la lune qu'en réalité, il ne s'agissait pas de mers comme sur la terre mais de grandes plaines de lave, recouvertes d'une fine poussière grise. Les continents ont un relief plus chaotique, parsemé de véritables montagnes dont Galilée dès 1610 avait estimé les altitudes.

Depuis le 20 juillet 1969, jour où l'Américain Neil Armstrong a posé le pied sur la lune, bientôt suivi par son compatriote Edwin Aldrin, le sol de notre satellite est presque aussi bien connu que celui de la terre.

Si le sol de la lune est plus tourmenté que le sol terrestre, c'est parce que la lune n'a plus d'atmosphère (plus légère que la terre, elle n'a pas su la garder). Ainsi chaque météorite, aussi petite soit-elle, arrive jusqu'au sol et y laisse une trace que l'absence d'érosion rend quasiment indélébile. Les traces de pas qu'Armstrong a laissées dans la poussière lunaire, et qui nous semblent si fragiles, témoigneront encore dans des milliards d'années du passage de l'homme sur la lune.

Pareille à ces bateaux qui, sur l'océan,
  glissent,
Chaque soir appareille,
  au ras de l'eau, la lune.
Et sa clarté la suit,
  comme un filet tranquille
Où les étoiles bleues
  se prennent une à une.
      Guy Lavaud

Clair de terre

Le relief de la lune
(face visible).

Le soleil

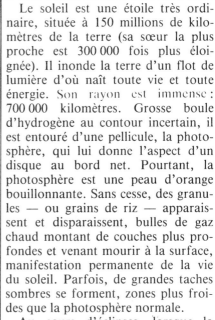

Le soleil est une étoile très ordinaire, située à 150 millions de kilomètres de la terre (sa sœur la plus proche est 300 000 fois plus éloignée). Il inonde la terre d'un flot de lumière d'où naît toute vie et toute énergie. Son rayon est immense : 700 000 kilomètres. Grosse boule d'hydrogène au contour incertain, il est entouré d'une pellicule, la photosphère, qui lui donne l'aspect d'un disque au bord net. Pourtant, la photosphère est une peau d'orange bouillonnante. Sans cesse, des granules — ou grains de riz — apparaissent et disparaissent, bulles de gaz chaud montant de couches plus profondes et venant mourir à la surface, manifestation permanente de la vie du soleil. Parfois, de grandes taches sombres se forment, zones plus froides que la photosphère normale.

Au cours d'éclipses, lorsque la lune cache le disque du soleil, la photosphère semble bordée d'une frange brillante, rosée et dentelée : la chromosphère.

Enfin, autour de la chromosphère, s'étend la couronne solaire, auréole blanche d'où s'échappent de longs filaments brillants. C'est un nuage d'électrons, d'atomes et de poussières, porté à très haute température. Loin du soleil, la couronne se refroidit et se perd dans l'espace.

Les éclipses

Éclipses de soleil. Le soleil est beaucoup plus gros que la lune, mais plus loin. Vus de la terre, le soleil et la lune ont le même diamètre apparent. Lorsque la lune passe entre nous et le soleil, elle le cache complètement : il y a éclipse de soleil. C'est un phénomène relatif. Le soleil n'est caché qu'aux observateurs situés à un certain endroit de la terre. Il y a au moins une éclipse de soleil par an, mais chacun de nous en observe peu.

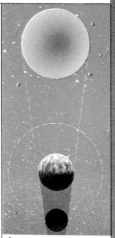

Éclipse de lune

Éclipses de lune. Les éclipses de lune sont des phénomènes absolus. La lune disparaît lorsqu'elle entre dans le cône d'ombre que la terre traîne derrière elle, à l'opposé du soleil. Alors elle n'est plus éclairée. Le phénomène est observable par les habitants de la terre pour lesquels il fait nuit à ce moment-là.

Éclipse de soleil

Les légendes du soleil

*C'est toi Aton, tu vis éternellement
Tu as créé le ciel lointain,
pour te lever en lui
et voir tout ce que tu as créé.
Tu es tout seul et des millions d'êtres
vivent par toi, et reçoivent de toi
des souffles de vie pour leurs narines.
A voir tes rayons, toutes les fleurs
vivent,
elles qui poussent sur le sol et prospèrent
par ton apparition ; elles s'enivrent de ta
face.
Tous les animaux sautent sur leurs
pieds :
les oiseaux, qui étaient dans leurs nids,
volent
joyeusement ; leurs ailes, qui étaient
repliées,
s'ouvrent pour adorer Aton vivant.*

Akhenaton

Hélios sur son
char solaire

Hélios

La tête environnée de rayons qui lui font une chevelure de feu, chaque matin, Hélios (en grec : le soleil) prend les rênes de son char d'or,

Temple du soleil
inca

s'élance dans le ciel et chemine jusqu'au soir pour parvenir à l'océan où ses chevaux fatigués se baignent.

Les peuples du soleil

Les Mayas d'Amérique Centrale, les Aztèques du Mexique et les Incas du Pérou adoraient le dieu-soleil. Ils lui construisirent des temples monumentaux qui, au XVIe siècle, étonnèrent les conquérants espagnols.

Nout

Nout, souvent représentée comme une femme au corps allongée, formant une voûte au-dessus de la terre, était la déesse égyptienne du ciel. Elle est soutenue par Shou, son père, qui personnifie l'atmosphère.

Hathor

D'abord grande déesse du ciel, Hathor deviendra pour les Égyptiens la déesse-mère universelle. Elle est représentée sous la forme d'une vache.

Rê

Le soleil était la plus importante des divinités égyptiennes. Il portait plusieurs noms : Aton était le disque solaire ; Khépri, le soleil à son lever et Atoum, à son coucher ; Rê était le soleil à son zénith, dans toute sa gloire.

Nout

La déesse Hathor

Le dieu Rê

Les couleurs du ciel

*Une rose rouge
    quitte son réveil.
C'est le soleil.
On dirait,
    tant il est loin,
Qu'il fleurit
    dans le jardin.*
                    Edmond Jabès

*Soleil, ballon
    captif
    qu'on lâche le
    matin…*
                    Louis Aragon

Quand le temps est au beau, tout le jour le ciel est bleu pâle ; au crépuscule, dans la direction du soleil, il rougeoit ; la nuit, il devient noir ou presque.

Ce sont les rebondissements de la lumière solaire sur les particules de l'atmosphère qui colorent le ciel. La lumière blanche du soleil est une somme de lumières colorées, et comme les molécules de l'air diffusent mieux le bleu que le rouge, le ciel est bleu. Au crépuscule, le soleil vu à travers une grande épaisseur d'atmosphère devient rouge car, à travers cette grande épaisseur, le bleu est plus dévié que le rouge : il est rejeté sur « les côtés ». Le ciel, près du soleil, devient rouge, et même assez loin de lui si l'air est chargé de poussières sur lesquelles le rouge « rebondit » mieux que le bleu.

Quant aux gouttelettes d'eau et aux petits cristaux de glace, ils diffusent toutes les couleurs de la même façon, c'est pourquoi les nuages sont blancs, ou gris suivant leur épaisseur, car chaque rebond fait perdre un peu de lumière.

Le ciel apprend par cœur les couleurs du matin
Le toit gris l'arbre vert le blé blond le chat noir
Il n'a pas de mémoire il compte sur ses mains
Le toit blond l'arbre gris le blé noir le chat vert

Le ciel est chargé de dire à la nuit noire
comment était le jour tout frais débarbouillé
Mais il perd en chemin ses soucis la mémoire
il rentre à la maison il a tout embrouillé

Le toit vert l'arbre noir le chat blond le blé gris
Le ciel plie ses draps bleus tentant de retrouver
ce qu'il couvrait le jour d'un grand regard surpris
le monde très précis qu'il croit avoir rêvé

Le toit noir l'arbre blond le chat gris le blé vert
Le ciel n'en finit plus d'imaginer le jour
Il cherche dans la nuit songeant les yeux ouverts
aux couleurs que le noir évapore toujours.

Claude Roy

Comment se forment les nuages

Ce sont les mouvements ascendants et descendants des masses d'air qui, changeant ainsi de température, provoquent le vent et la formation des systèmes nuageux.

A volume égal, une masse d'air froid ne peut pas contenir autant d'humidité qu'une masse d'air chaud.

Les différences sont importantes : à 0 °C, un mètre cube d'air ne peut contenir que 5 grammes de vapeur d'eau, alors qu'à 30 °C, il en admet 30 grammes. L'air chaud qui s'élève se refroidit et il arrive un moment où il doit libérer son trop-plein d'humidité. La condensation de cet excès de vapeur d'eau donne naissance à un nuage.

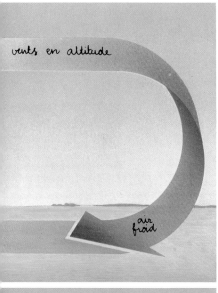

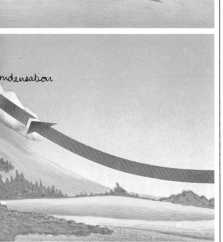

Ce phénomène se produit au-dessus des plaines dans l'atmosphère, un résultat identique est obtenu en montagne quand l'air en suit le versant, poussé par la brise venue de la vallée. Le refroidissement est d'environ 1 °C par 100 mètres d'élévation. Une fois le sommet passé, il peut redescendre vers le sol, se réchauffer et arriver au sol avec une température supérieure à celle de départ.

53

Les nuages

6

1. Cirrus
2. Alto-stratus
3. Alto-cumulus
4. Strato-cumulus
5. Stratus
6. Cirro-stratus
7. Nimbo-stratus
8. Cumulo-nimbus
9. Cumulus

9

5

Il existe une grande variété de nuages dont les formes changeantes et parfois fantastiques animent le ciel. Les principaux sont classés selon leur altitude et selon leur forme. Les nuages en couches minces sont des stratus ; ceux en flocons, des cirrus ; ceux en boules, des cumulus. Le préfixe cirro- désigne des nuages au-dessus de 6 000 m d'altitude et le préfixe alto- des nuages entre 2 000 et 6 000 mètres. il faut ajouter les cumulo-nimbus qui se développent verticalement et sont responsables du tonnerre et des éclairs.

7

La tempête au-dessous de lui formait un autre monde, de trois mille mètres d'épaisseur, parcouru de rafales, de trombes d'eau, d'éclairs, mais elle tournait vers les astres une face de cristal et de neige.

Antoine de Saint-Exupéry

cristaux de glace

grêle

grêle

courants descendants

Le nuage

*Le nuage dit
à l'indien :
« Tire sur moi
tes flèches,
Je ne sentirai rien. »*

*« C'est vrai, rien
ne t'ébrèche,
Répond le sauvage,
Mais vois mes
tatouages !
Rien de pareil
sur les nuages. »*

Robert Desnos

courants descendants

grêle fine

précipitation

grosse grêle

sens de déplacement de

Dans un nuage

air ascendant

charges positives

+ + +

+ + +

Un cumulonimbus d'orage est une masse de vapeur d'eau agitée de courants ascendants (flèches rouges). Les gouttelettes d'eau s'élèvent, refroidissent, gèlent et forment des grêlons qui ensuite retombent (flèches vertes). Dans ces cumulonimbus existent aussi de fortes charges d'électricité. Entre deux zones de charges contraires, soit à l'intérieur du nuage, soit entre le nuage et le sol, jaillissent des étincelles : les éclairs. Le passage des éclairs dans l'air produit le tonnerre.

Un nuage, un nuage,
où s'endorment
* les images*
du monde que j'ai
* quitté*
un nuage, un nuage,
immobile dans l'été.
Henri Thomas

charges négatives

air ascendant

57

Onde, où t'en vas-tu ?

Je m'écoule en riant
jusqu'au bord de la mer.

Mer, où t'en vas-tu ?
F. Garcia Lorca

Le cycle de l'eau

Sur terre, il y a près de 1 500 millions de kilomètre-cube d'eau, la plus grande partie (99 %) se trouve dans les océans et les calottes glaciaires, le reste dans les lacs, les rivières, l'atmosphère et le sol.

1. Condensation
2. Évaporation
3. Pluie
4. Écoulement
5. Eau souterraine

2

L'eau de l'atmosphère provient de l'évaporation des océans sous l'effet du soleil. La condensation de cette vapeur d'eau forme les nuages et donne naissance à la pluie, la neige et la grèle.

J'aime les nuages... les nuages qui passent... là-bas... là-bas... les merveilleux nuages.
Charles Baudelaire

Le vent

Le vent est un immense courant d'air : il est de l'air qui se sauve et ce sont les différences de température et de pression qui créent cette agitation.

Le soleil chauffe plus ou moins le sol. Quand l'air est chaud, il est plus léger et s'élève, de l'air plus froid et plus lourd le remplace. Ainsi, sous le même soleil, une route sera plus chaude qu'une rivière, une plage plus chaude que la mer et l'air, au ras du sol, sera plus ou moins chauffé. Durant le jour, par exemple, l'air frais de la mer viendra remplacer l'air chaud de la plage, une brise marine soufflera vers la terre. La nuit, la plage se refroidira plus vite que la mer, et la brise de terre filera en sens inverse.

Vent au sol et vent en altitude

Il arrive qu'au sol il n'y ait pas le moindre vent et que la fumée monte droit au-dessus des cheminées. Pourtant, tout là-haut, les nuages continuent de défiler. Même haut dans l'atmosphère, la température et la pression de l'air sont variables.

À l'échelle de la terre, l'air au-dessus des pôles est plus froid qu'au-dessus de l'équateur, plus chaud au-dessus des continents qu'au-dessus des océans. Le relief aussi intervient, et la rotation de la terre sur elle-même. Ainsi naissent de grands courants réguliers et une foule de vents locaux soudains et imprévus.

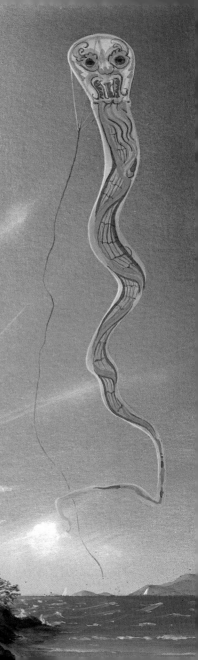

Le vent court à brise
    abattue
il court il court à perdre
    haleine
Pauvre vent perdu et
    jamais au but
où cours-tu si vite à
    travers la plaine

Où je cours si vite où je
    cours si vite
Le vent en bégaye
    d'émotion et
    d'indignation
Se donner tant de mal et
    de gymnastique
et qu'on vous pose après
    de pareilles questions

À quoi bon souffler si
    fort et si bête
et puis s'en aller sans
    rien emporter
Quelle vie de chien qui
    toujours halète
qui tire la langue de chien
    fatigué

Jusqu'au bout du monde
    il faut que tu ailles
poussant ton charroi
    de vent qui rabâche
Vente vent têtu de sac et
    de paille

          Claude Roy

Les brises

Brise de montagne. Le jour. Sous le soleil, la montagne chauffe plus vite que la vallée. L'air se déplace des vallées vers les sommets.

Brise de montagne. La nuit. La montagne se refroidit plus vite que la vallée, la brise descend à flanc de montagne.

Brise de mer. Le jour. Le sol se réchauffe plus vite que l'eau. L'air chaud s'élève au-dessus de la côte, il est remplacé par l'air frais de la mer : la brise est dans le sens mer-terre.

Brise de mer. La nuit. La mer reste chaude, la terre se refroidit. C'est au-dessus de la mer que l'air s'élève : la brise est dans le sens terre-mer.

63

Fronts chauds, fronts froids

masse d'air chaud

masse d'air froid

Les fronts sont les points de rencontre entre deux masses d'air de température différente. Soit la masse d'air froid soulève celle d'air chaud (front froid), soit la masse d'air chaud glisse sur celle d'air froid (front chaud).

Le chaud entre dans le froid. L'air chaud, soulevé par l'air froid, provoque la formation de nuages.

air chaud

air frais

Le froid entre dans le chaud. L'air froid arrive soudain dans l'air chaud qui se refroidit très rapidement, des nuages épais se forment, le mauvais temps ne dure pas longtemps.

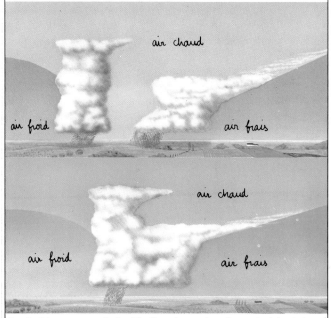

Le froid rencontre le froid. Il arrive qu'un front froid rejoigne un front chaud. La masse d'air qui les séparait se soulève et les deux masses froides se rencontrent. Les pluies sont alors très abondantes sous la zone de jonction.

Le passage
d'une dépression

Vous pouvez suivre ici le film d'une dépression moyenne sur 24 h.

Sous nos latitudes, les dépressions apportent de l'Ouest les journées de mauvais temps. Si la dépression est très étendue et qu'elle se déplace lentement, le mauvais temps peut durer plusieurs jours.

Au couchant

Le ciel est bleu, la mer calme. Les derniers cumulus de beau temps viennent de disparaître. Il fait bon : 17°. Une belle journée s'annonce. Pourtant, sur le ciel bleu, de fins nuages déchiquetés, des cirrus, se forment à haute altitude. Insensiblement, le baromètre amorce une baisse.

Le ciel ne pose qu'une patte sur l'horizon
l'autre restant en l'air, immobile,
dans une attente circulaire.

Jules Supervielle

Le lendemain matin

Le soleil s'orne de couronnes lumineuses. Il est cerné de cirro-stratus. Le vent du Sud s'est levé. Le baromètre commence à baisser franchement. Les oiseaux de haute mer regagnent le rivage. La lutte air chaud-air froid s'annonce.

Rond de soleil
Signe de
mauvais temps

Dicton

Toutes les phases du vent ont leur psychologie. Le vent s'excite et se décourage. Il crie et il se plaint. Il passe de violence à la détresse.

Gaston Bachelard

*Brebis qui paissent
aux cieux
Font temps
venteux et pluvieux.*
Dicton

Dans la journée

Le ciel est maintenant couvert d'alto-cumulus. Moutonnement couleur d'étain. Le baromètre s'effondre. La température s'élève : 19°. La mer s'agite.

Tout le fond, qui était le mur de nuages, était blafard, laiteux, terreux, morne, indescriptible. Une mince nuée blanchâtre, transversale, arrivée on ne sait d'où, coupait obliquement, du nord au sud, la haute muraille sombre.

Victor Hugo

Le centre de la dépression est là. Le ciel est couvert de nimbus et de nimbo-stratus. La mer se creuse, le vent et la pluie sont violents. Le baromètre est au plus bas.

*Quels sont
    ces bruits
    sourds ?
Écoutez vers l'onde
Cette voix
    profonde
Qui pleure
    toujours
Et qui toujours
    gronde,
Quoiqu'un son
    plus clair
Parfois
    l'interrompe…
Le vent de la mer
Souffle dans sa
    trompe.*

Victor Hugo

Le vent passe à grands coups de vagues dans les roses.
Il rebrousse les eaux, les plumes, le sommeil,
Et les chats assoupis, sur leurs métamorphoses
Sentent l'aube et l'odeur de la mer au réveil.

Maurice Fombeure

Le soleil qui se lève
chaque matin à l'est
et plonge
*   tous les soirs*
*   à l'ouest*
sous le drap
bien tiré de l'horizon
poursuit son destin
*   circulaire*

Michel Leiris

Dans la soirée

La tempête est passée, le baromètre remonte doucement. De grands cumulus se forment, puis des strato-cumulus. La température baisse : 16°. Le vent se calme, mais souffle encore en rafales par instants.

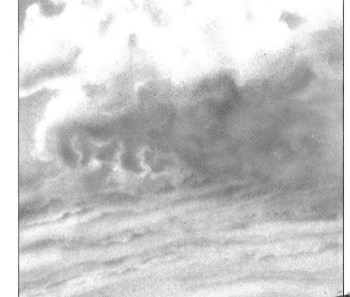

Retrouver au réveil ce mirage de rires
Et le pont qui trempait ses arches dans l'azur,
— Aurore, feras-tu de ce coeur une source —
Maurice Fonbeure

La lutte air froid/air chaud est terminée. Des cumulus de beau temps réapparaissent, peut-être une autre dépression s'approche-t-elle, peut-être le beau temps s'installe-t-il vraiment. L'arc-en-ciel est un signe bénéfique.

Arc-en-ciel du matin
Met la pluie en train
Arc-en-ciel du soir
Beau temps en espoir

Dicton

Carte météo

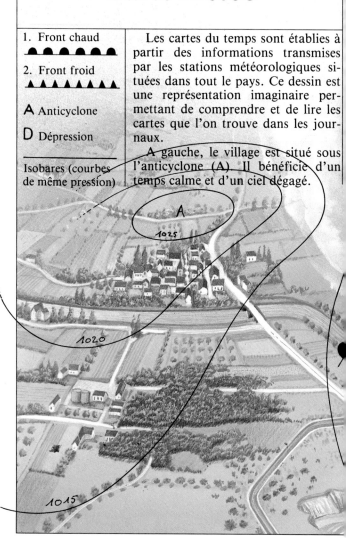

1. Front chaud
   ●●●●●●

2. Front froid
   ▲▲▲▲▲▲▲

A Anticyclone

D Dépression

Isobares (courbes de même pression)

Les cartes du temps sont établies à partir des informations transmises par les stations météorologiques situées dans tout le pays. Ce dessin est une représentation imaginaire permettant de comprendre et de lire les cartes que l'on trouve dans les journaux.

A gauche, le village est situé sous l'anticyclone (A). Il bénéficie d'un temps calme et d'un ciel dégagé.

A

1025

1020

1015

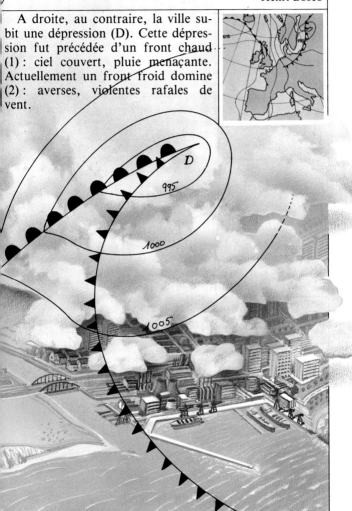

Cette invisible migration de bancs de chaleur, de parfums et de brises, en caressant nos vieux villages, leur prenait aussi au passage ces légères vapeurs de pollen et de miel qui flottent en avril sur les vergers.

Henri Bosco

A droite, au contraire, la ville subit une dépression (D). Cette dépression fut précédée d'un front chaud (1) : ciel couvert, pluie menaçante. Actuellement un front froid domine (2) : averses, violentes rafales de vent.

Foudre, éclairs et tonnerre

Les dangers :

l'arbre isolé,

le mât métallique,

l'objet ou l'abri métallique.

Après une chaude journée, quand l'air est gorgé d'humidité, le risque d'orage est grand.

Des gouttes d'eau commencent à tomber vers la terre, mais elles rencontrent parfois une colonne d'air chaud remontant vers le ciel. Alors, elles éclatent et se chargent d'électricité. Des parties de nuages se chargent positivement, d'autres négativement ; les charges deviennent si importantes qu'un courant électrique traverse brusquement un nuage.

D'immenses étincelles, des éclairs, sillonnent alors le ciel. La foudre, décharge électrique qui accompagne l'éclair, tombe jusqu'au sol et peut, à la campagne et encore plus en montagne, être très dangereuse. La foudre produit une grande quantité de chaleur, l'air alentour augmente brusquement de volume, il lui faut rapidement se frayer un passage. Changements de pression et ondes sonores se propulsent en tous sens : le tonnerre gronde.

Foudre, éclairs et tonnerre qui l'accompagnent, tous ces phénomènes se produisent en même temps ; si l'éclair paraît toujours être le premier au rendez-vous, c'est parce que la lumière se déplace beaucoup plus vite que le son.

Soir d'été ramassé dans la voix du tonnerre
La plaine brûle et meurt et renaît dans la nuit
Paul Éluard

1. Œil du cyclone
2. Sens de rotation des vents et courants
3. Mur de l'œil (env. 10 km)
4. Sens des vents au sommet
5.6.7.8. Courants ascendants
9. Convergence des vents vers le centre
10. Évacuation

Ouragans et tornades

Dans nos régions, nous connaissons les pluies, les orages et parfois les tempêtes. Les zones tropicales affrontent des cataclysmes autrement dévastateurs : ouragans, appelés aussi typhons ou cyclones, et tornades.

Les ouragans, zones de basse pression au centre desquelles le vent s'enroule en spirale, se forment au-dessus des mers chaudes et gagnent les terres à petite vitesse, à environ 20 km/h. S'ils sont si dévastateurs, c'est parce que les vents en spirale

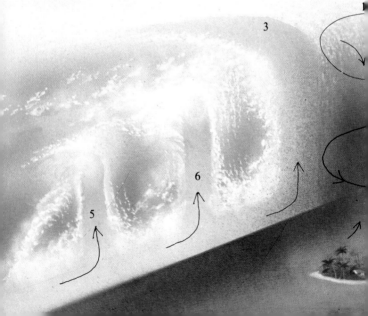

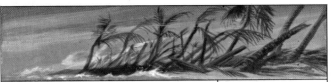

qui les habitent tournent à plus de 300 km/h.

Les tornades sont les plus terribles de tous. C'est en Amérique du Nord et aux Antilles, ainsi qu'en Australie, qu'elles sont les plus fréquentes. Leur vitesse d'approche peut atteindre 100 km/h, et l'alarme doit être rapidement donnée pour limiter les catastrophes. Au centre des tornades, qui de plus peut être gorgé d'eau de mer, les vents atteignent 500 km/h. Heureusement, leur durée de vie est plus courte et leur zone de ravages plus petite que celles des ouragans ordinaires.

Et la tornade qui avait avalé comme un vol de grenouilles son troupeau de toitures et de cheminées respira bruyamment une pensée que les prophètes n'avaient jamais su deviner.

Aimé Césaire

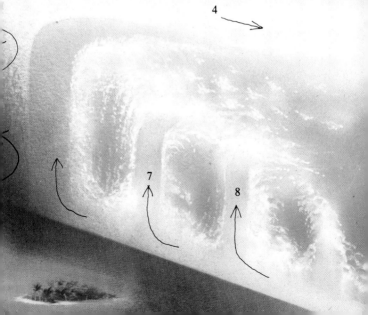

L'arc-en-ciel

La lumière du soleil est une lumière de toutes les couleurs et le mélange de toutes les couleurs donne le blanc (le noir lui est l'absence de toute couleur). Lorsqu'un rayon de lumière traverse un prisme de verre, il est légèrement dévié mais chaque couleur l'est un peu différemment : c'est pourquoi un prisme de verre sépare la lumière blanche en une série de lumières colorées.

Petite pluie,
C'est une pluie
    d'étoiles.
Les quatre vents
    la gonflent
De soupirs irisés.
    Maurice Fombeure

Arc-en-ciel du
    matin
Remplit le bassin.
        Dicton

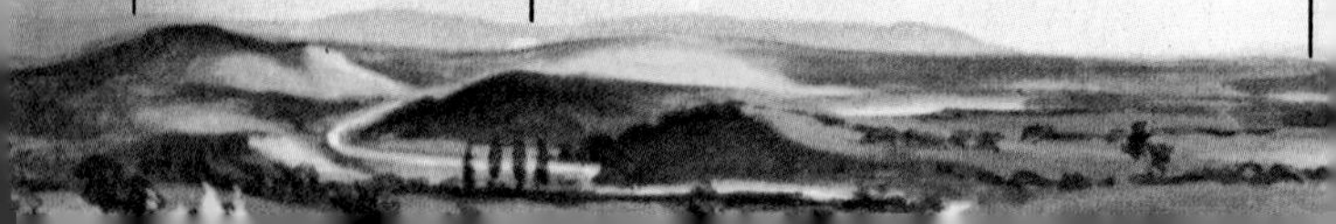

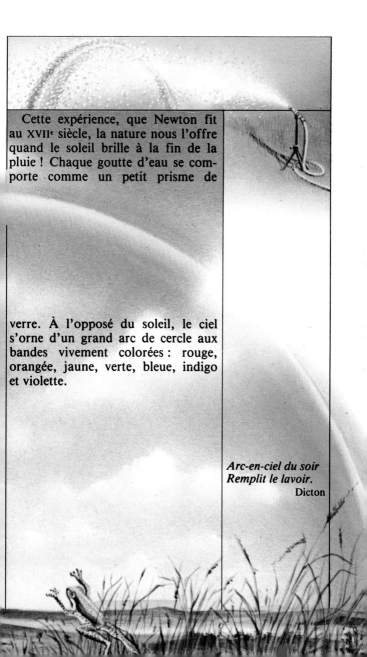

Cette expérience, que Newton fit au XVIIᵉ siècle, la nature nous l'offre quand le soleil brille à la fin de la pluie ! Chaque goutte d'eau se comporte comme un petit prisme de verre. À l'opposé du soleil, le ciel s'orne d'un grand arc de cercle aux bandes vivement colorées : rouge, orangée, jaune, verte, bleue, indigo et violette.

Arc-en-ciel du soir
Remplit le lavoir.
Dicton

Gloires, halos et chiens du soleil

L'atmosphère nous offre d'autres phénomènes lumineux, moins fréquents que l'arc-en-ciel.

Gloires. Un jour, peut-être, vous promenant en montagne, aurez-vous la chance d'admirer sur le ciel, l'ombre de votre tête auréolée, telle celle d'un saint, d'anneaux concentriques aux couleurs de l'arc-en-ciel. C'est le soleil qui projette votre ombre sur un banc de brouillard.

Gloire

Chiens du soleil. Phénomène plus rare et plus fantastique, le soleil s'entoure parfois de plusieurs faux soleils pâles, reliés entre eux par des ponts de lumière. Ce sont les « Chiens du soleil », que les Grecs appelaient du nom plus savant de *parhélies,* qui signifie « auprès du soleil ». La lune aussi peut s'entourer de chiens de garde, les parasélènes.

Chien du soleil

Halos autour du soleil. Par légère brume, vous pourrez admirer les anneaux lumineux qui parfois cernent le soleil ou la lune. Ils sont, dit-on, signe de mauvais temps. Ce qui est souvent vrai, car ils ne sont pas formés par le passage de la lumière au travers des gouttes d'eau, mais des fins cristaux de glace des cirrus. Or les cirrus sont les messagers de l'orage.

Halo

81

Les aurores polaires

Teintées de pourpre, de vert ou d'or, les aurores polaires sont le privilège des hommes du grand Nord. Elles le sont aussi des hommes du grand Sud. Les aurores polaires ne sont pas dues au jeu de la lumière dans l'atmosphère, mais à l'action de particules venues du soleil et piégées

> *... le feu circulaire se faisait voir de temps en temps dans les intervalles des nuages, et forma peu après dans l'air un très bel arc composé de deux couleurs, savoir d'un jaune clair, et d'un vert qui tirait un peu sur le bleu. Cet arc, se réfléchissant dans la mer, faisait un cercle parfait, d'une beauté extraordinaire.*

par le champ magnétique de la terre. Car la terre est un grand barreau aimanté dont les extrémités sortent aux pôles. Voilà pourquoi ces aurores fantastiques illuminent les nuits polaires, et pourquoi l'aiguille aimantée de votre boussole se tourne toujours vers le nord.

Ces feux présentent les couleurs les plus variées : certains sont d'un rouge éclatant, d'autres ne produisent qu'une lueur mourante. Sénèque

La nuit se couche au bord des routes
comme un grand chien très doux
et tu cherches à apaiser les étoiles
en les prenant dans tes cils.

Les montagnes qui avancent avec l'ombre
stationnent au-dessus des arbres
à qui elles font toucher le ciel
sans qu'aucun de leurs fruits ne tombe.

Seul, le ruisseau continue à couler,
heureux enfin d'être entendu des herbes
et de pouvoir aider la terre à tourner
à l'intérieur du silence.

A la place où ton sommeil
devient mince comme du verre,
un rêve s'inscrit en lettres
qui éclairent l'étendue de mon sang.

Lucien Becker

Le petit lexique du ciel

Aérolithe
Signifie littéralement « pierre de l'air ». Ce terme désigne toute météorite qui arrive jusqu'au sol.

Anémomètre
Instrument qui mesure la vitesse du vent.

Année de lumière
Distance parcourue par la lumière en une année, soit 9 460 milliards de kilomètres. Abréviation : a.l.

Anticyclone
Région de haute pression atmosphérique sous laquelle règne le beau temps.

Aquilon
Vent du Nord en terme poétique. Il est rare que ce vent soit accompagné de nuages de mauvais temps :

*C'est quand il rit
que l'Aquilon pique.*

Arc-en-ciel
Selon les régions, l'arc-en-ciel reçoit des noms différents. Arc de Dieu (Wallonie), arc de la pluie (Bretagne), arc du temps (Picardie), arc de soie (Provence).

Astéroïdes
Nom donné aux petits corps qui circulent autour du soleil ; la plupart sont situés entre Mars et Jupiter.

Baromètre
Instrument de mesure de la pression atmosphérique.

Bise
Vent sec et froid venant du nord.

Bissextile (année)
Nom des années qui surviennent tous les quatre ans et dont le mois de février comporte 29 jours.

Blizzard
Vent violent et très froid, chargé de neige.

Canicule
Epoque de grande chaleur qui, en Egypte ancienne, coïncidait avec le moment où l'étoile Sirius se levait avec le soleil.
Sirius se trouve dans la constellation du Grand Chien (*canis*, en latin), d'où le nom de « canicule ».

Cercle (polaire)
Cercle de latitude terrestre de 66°33' Nord ou Sud, au-delà duquel les jours peuvent atteindre 24 heures. On peut alors admirer le soleil de minuit.

Copernic
Astronome polonais né en 1473 et mort en 1543. En osant mettre le soleil au centre du « monde » et en faisant de la Terre une simple planète comme Mars ou Jupiter, il a bouleversé notre vision de l'univers et a amorcé ce grand renouveau scientifique dont nos sciences sont aujourd'hui les héritières.

D

Deimos
Second satellite de Mars, découvert en 1877 ; sa petite taille, 6 kilomètres de diamètre, intrigue les astronomes.

Draconides
Pluie d'étoiles filantes dans les nuits des 9 et 10 octobre. Elle semble venir de la constellation du Dragon, d'où son nom.

E

Eclair en boule
Globe de feu qui apparaît parfois après un éclair, en l'air ou au ras du sol.

Embruns
Gouttelettes d'eau arrachées par le vent à la surface de la mer.

Eole
Dieu romain des vents. Il habitait les Iles Eolides (aujourd'hui Lipari), situées au large des côtes siciliennes.

Equinoxe
Date de l'année où le jour est égal à la nuit sur toute la terre à la fois. L'équinoxe de printemps tombe le 20 ou 21 mars, selon l'année, et celui d'automne, le 22 ou 23 septembre.

F

Feu central
Philolaos (Vᵉ siècle avant J.-C.) est le premier philosophe grec à ne pas mettre la Terre au centre du monde mais le Soleil, ou ce qu'il appelle « le feu central ».

G

Galaxie
Ensemble de plusieurs milliards d'étoiles liées entre elles par la gravitation, comme celui dans lequel notre système est plongé.

Gelée
Abaissement de la température au-dessous de zéro degré.

Giboulée
Pluie soudaine et de courte durée souvent accompagnée de grêle.

Grain
Variation très importante et brutale de la vitesse du vent, accompagné d'averses.

Gravitation
Force qui attire deux corps matériels l'un vers l'autre. Newton a montré, au XVIIᵉ siècle, que cette force régissait aussi bien la chute d'une pomme sur le sol que la course de Lune autour de la Terre.

H

Hygromètre
Instrument qui mesure l'humidité de l'air.

I

Icare
Héros mythologique qui s'échappa d'un labyrinthe en s'envolant au moyen d'ailes d'oiseau attachées avec de la cire. Icare s'approcha trop du soleil, la cire fondit et Icare chuta. Son nom a été donné à une petite planète découverte en 1949.

Instrument (astronomique)

En français, on désigne par lunette les instruments astronomiques qui, comme les appareils photographiques, utilisent des lentilles, et télescopes, ceux qui utilisent des miroirs.

Jour

Durée de la rotation d'une planète sur elle-même. On peut donc parler aussi bien du jour martien ou vénusien que du jour terrestre. Employé dans ce sens, le mot signifie le jour et la nuit.

Kepler (Johann)

Astronome allemand (1571-1630). Après une étude soigneuse des observations de son aîné Tycho Brahé, il énonça les lois du mouvement des planètes autour du Soleil, ouvrant ainsi la voie à Newton qui découvrit la gravitation universelle.

Lunaison

Suite des phases de la Lune, commençant par la Nouvelle Lune et continuant par le Premier Quartier, la Pleine Lune et le Dernier Quartier.

Lunatique

Se dit d'une personne dont l'humeur est changeante, comme la Lune dont l'apparence varie au cours du mois.

Lunes (de Jupiter)

Les satellites de Jupiter (ou lunes) ont pour nom : Callisto, Ganymède, Europe, Io, Amalthée.

Médard (Saint)

La Saint-Médard a lieu le 8 juin. A cette époque, les pluies sont une menace pour la fenaison : *Quand il pleut à la Saint-Médard, le quart des biens est au bazar.*

Météores

Mot souvent employé comme équivalent à «météorite» (vrai nom des étoiles filantes). Les météores désignent les phénomènes sonores et lumineux qui accompagnent la chute des météorites.

Mistral

Nom populaire donné au vent qui souffle du Nord au Sud dans la vallée du Rhône, caractéristique du climat de la Provence. Il atteint 100 km/h et procure au paysage un aspect particulier :
Il se lève en général à midi et dure soit trois jours, soit sept jours :
*S'il commence de jour
Il dure trois jours
S'il commence de nuit
Il dure autant qu'un
pain cuit.*

Neige du coucou

Nom donné dans les Vosges à la neige qui tombe au printemps lorsque le coucou rentre de migration.

Nova

Nova pour *stella nova*, «nouvelle étoile». Ce terme désigne une étoile qui apparaît brusquement et qui, généralement, disparaît lentement. Par siècle, une vingtaine de novae environ sont visibles à l'œil nu.

Ondée
Pluie subite et de courte durée.

Orbite
Courbe fermée décrite par un corps en mouvement autour d'un autre. Kepler montra, contrairement à ce que croyaient les Anciens, que les orbites des planètes autour du soleil n'étaient pas circulaires mais elliptiques.

Oxalide
Ou «petite oseille». Plante que l'on peut observer pour prévoir le temps. Ses fleurs se referment lorsque la pluie menace.

Planetarium
Salle de projection où l'on montre les mouvements des astres sur la voûte qui forme un écran. Il y a des planétariums dans toutes les villes du monde.

Point de rosée
Niveau de température à partir duquel la vapeur d'eau contenue dans l'atmosphère se condense.

Pôle
D'une façon générale, point de la sphère céleste défini par une perpendiculaire à un plan quelconque. Dans la pratique, il s'agit des pôles de l'équateur. Le Pôle Nord est marqué sur le ciel par l'étoile Polaire, au Sud le ciel est «vide» à l'emplacement du Pôle Sud.

Quasar
Mot barbare qui est l'abréviation de la dénomination anglaise *quasi-stellar radiosource* (source radio quasiment stellaire). Les quasars sont des galaxies de très petit diamètre qui ressemblent à des étoiles et qui, mystérieusement, émettent des rayonnements de 100 à 1000 fois supérieurs à ceux des galaxies ordinaires.

Rayon vert
Rayonnement de couleur verte que l'on peut observer au moment précis où le soleil disparaît derrière l'horizon.

Rose des vents
Figure étoilée indiquant la direction des vents.

Saints de glace
Les froids tardifs, dangereux pour les récoltes, qui correspondent aux fêtes de Mamert, Pancrace et Servais (11, 12 et 13 mai) : *se méfier de Saint-Mamert, de Saint-Pancrace et Saint-Servais, car ils amènent un temps frais et vous auriez regret amer.*

Sirocco
Vent chaud et sec

venant du Sahara, souvent chargé de sable.

Tramontane
Nom populaire d'un vent du Sud-Est de la France. Il arrive du Nord, après avoir traversé les Alpes.

Univers-îles
Nom donné au XVIIIᵉ siècle par les philosophes aux nébuleuses que l'on découvrait alors, et que l'on considéra vite comme des systèmes indépendants et semblables à la galaxie dans laquelle nous sommes plongés.

Voie lactée
Trace sur le fond du ciel de la tranche de notre galaxie, formant un nuage blanchâtre d'où son nom.

Willamette
Ville de l'Orégon (U.S.A.) rendue célèbre par la chute d'une météorite de 14 tonnes.

Xénophon
Philosophe grec né vers 430 av. J.-C., élève de Socrate. Comme son maître, il pensait que l'étude approfondie de l'astronomie était une activité sacrilège et qu'il fallait la limiter à ses applications utilitaires.

Yeux de roussettes
Nom donné aux nuages jaunes et rougeâtres qui sont présages de mauvais temps à l'île de Batz (Manche).

Zenith
Point situé à la verticale d'un lieu au-dessus de l'observatoire. Sous nos latitudes, l'étoile Véga passe presqu'au zenith pendant les nuits du mois d'août.

Zéphyr
Ce vent léger et doux souffle au printemps.

Zodiaque
Ensemble des douze signes ou des constellations que le soleil traverse dans l'année. Ce nom rappelle que la plupart sont des symboles animaux. Date d'entrée du soleil dans les signes du zodiaque : Bélier (21 mars), Taureau (21 avril), Gémeaux (22 mai), Cancer (22 juin), Lion (23 juillet), Vierge (23 août), Balance (23 septembre), Scorpion (23 octobre), Sagittaire (22 novembre), Capricorne (21 décembre), Verseau (21 janvier), Poisson (20 février).

Biographies

Jean-Pierre Verdet est astronome à l'Observatoire de Paris. Après avoir étudié l'atmosphère des planètes Jupiter, Saturne et Mars, il se consacre maintenant à l'histoire de l'astronomie. Il a publié de nombreux ouvrages scientifiques, traduit des textes anciens et élevé de grandes familles de chats.

Christine Adam est née en 1952 à Cherbourg avec un carnet de croquis sous le bras, les pouces verts, le nez pointu et les pieds dans la mer. Elle passe le plus clair de son temps à transformer des textes en images, et tente parfois d'enseigner aux plus attentifs le moyen d'en faire autant. **(Illustrations des pages 74 à 83)**.

Jean-Louis Besson est né à Paris en 1932. Illustrateur depuis 1969, il réalise des affiches pour la publicité, des bandes dessinées pour les enfants et les plus grands, un dessin animé pour la télévision. Il ne pratique aucun sport car, dit-il, on prend du ventre quand on arrête d'en faire, mais fait pousser chez lui toutes sortes de plantes vertes dont des tomates. **(Illustrations des pages 85 à 89)**.

Christian Broutin est né un dimanche, le 5 mars 1933, dans la cathédrale de Chartres. Élevé par ses grands-parents, il eut la chance d'avoir un grand-père collectionneur qui lui faisait copier Grandville et Gustave Doré. Plus tard, il suivit les cours de l'école des Métiers d'Art. Il a réalisé des affiches de cinéma, exécuté un film à partir de dessins, sélectionné au Festival de Cannes. Il travaille, depuis 1976, dans la publicité. Malgré toutes ces activités, il trouve le temps de faire des rallyes automobiles, du tir à l'arc, du judo et de travailler pour Folio Junior. **(Illustrations des pages 6 à 41.** Il a également réalisé la **couverture** de ce livre).

Isaï Correia est né à Lisbonne, au Portugal, le 31 janvier 1946. Il suit les cours de l'école des Arts décoratifs de Lisbonne, puis réalise des décors de théâtre et travaille dans la publicité. Il s'installe en France en 1967, où il commence à peindre et à exposer ses œuvres. Depuis 1976, il fait de la publicité. Mais il est surtout un illustrateur de presse : il dessine dans plusieurs journaux (Science et Vie, Ça m'intéresse, Géo) pour lesquels il réalise également des jeux. C'est un sportif : il fait du tennis, de la planche à voile et de la boxe. **(Illustrations des pages 52, 53, 56, 57, 58, 59, 62, 63, 64, 65,** déjà publiées dans Science et Vie n° 791).

André Rollet est né en 1951 à Hagueneau. Après des études aux Arts décoratifs de Strasbourg, il travaille dans la publicité et dessine pour son plaisir. Il se passionne pour le portrait et l'actualité qu'il « croque » avec humour, il pourrrait être un parfait illustrateur de presse. Pour l'instant, il se contente d'exposer à Strasbourg. *Le Livre du ciel* est son premier ouvrage illustré. **(Illustrations des pages 42, 43, 44, 45, 46, 47, 48, 49, 54, 55, 66, 67, 68, 69, 70, 71, 72, 73, 84).**

Table des poèmes

trait, *Au cœur du monde,* Éd. Gallimard, 1947). Armand Robin, « Sur le large fil de la Voix lactée »... (Minuit, extrait, *Le Monde d'une voix,* Éd. Gallimard, 1970). **20.** Maurice Fombeure, « La nuit coule dans les bois »... (Images de la nuit, extrait, *A dos d'oiseau,* Éd. Gallimard, 1945). **21.** Jean-Paul Berthet, « Pas à pas »... (Fin de nuit, extrait, *Poésies vivantes,* Éd. Possible, 1979). **22-23.** Victor Hugo, « L'été, lorsque le jour a fui »... (Nuits de juin, *Les Rayons et les Ombres,* 1840). **29.** Federico Garcia Lorca, « Le caillou veut être lumière »... (*Chansons,* Éd. Gallimard, 1981). **30.** Federico Garcia Lorca, « Hier »... (Chanson avec mouvement, *Chansons,* Éd. Gallimard, 1981). **31.** Aldébaran, « Je suis danseur »... (extrait, *La mort est en ce jardin où je m'éveille,* coll. Sud, 1980). **34.** Jules Supervielle, « La terre »... (*Gravitations,* Éd. Gallimard, 1925). **37.** Anonyme, Mars (extrait, in *La Poésie populaire,* Éd. Seghers, 1954). **40.** Aldébaran, « d'immenses soleils »... (Rêve, extrait, *La mort est en ce jardin où je m'éveille,* coll. Sud, 1980), **42.** Aldébaran, « la lune bleue »... (*La mort est en ce jardin où je m'éveille,* coll. Sud, 1980). **43.** Alfred de Musset, « C'était, dans la nuit brune »... (*Ballade à la lune*). **44.** Jean Tardieu, « En attendant »... (L'Espace, extrait, *La Part de l'ombre,* Éd. Gallimard, 1967). **45.** Guy Lavaud, « Pareille à ces bateaux »...(in *Poèmes de partout et de toujours,* Librairie Armand Colin, 1978). **48.** Akhenaton, « C'est toi Aton »... (Hymne au disque solaire Aton, extrait, trad. par A. Moret, Éd. Albin Michel, 1937). **50.** Edmond Jabès, « Une rose rouge »... (*Poésie,* Éd. Gallimard). Louis Aragon, « Soleil, ballon captif »... (Éd. Gallimard). **51.** Claude Roy, « Le ciel »... (*Poésies,* Éd. Gallimard, 1970). **53.** Lanza del Vasto, « J'ai ma maison »... (La Maison dans le vent, *Le Chiffre des choses* Éd. Denoël, 1953). **56.** Antoine de Saint Exupéry, « La tempête au-dessous de lui »... (extrait, *Vol de nuit,* Éd. Gallimard, 1931). Robert Desnos, « Le nuage dit à l'indien »... (Le nuage, *Destinée arbitraire,* Éd. Gallimard, 1975). **57.** Henri Thomas, « Un nuage »... (*Poésies,* Éd. Gallimard, 1970). **58.** Federico Garcia Lorca, « Onde, où t'en vas-tu ? »... (Poésie II, 1921-1927, *Chansons,* trad. de l'espagnol par André Belamich, Éd. Gallimard, 1954). **59.** Charles Baudelaire, « J'aime les nuages ».... (Extrait, *Le Spleen de Paris,* 1869). **60.** Paul Fort, « Le vent a fait le tour du monde »... (extrait, *Ronde,* Éd. Colin-Bourrelier, 1963). Leconte de Lisle, « Le vent beugle »... **61.** Claude Roy, « Le vent court à bride abattue »... (Lieder du vent à décorner les bœufs, extrait, *Poésies,* Éd. Gallimard, 1970). **63.** Jean Mambrino, « L'ombre du Goeland »... (L'Enfant et la mer, extrait, in *La Nouvelle Guirlande de Julie,* Éd. Ouvrières, 1976). **67.** Jules Supervielle, « Le ciel ne pose qu'une patte »... (extrait, *Gravitations,* Éd. Gallimard, 1925). **68.** Gaston Bachelard, « Toutes les phases du vent »... (extrait, *L'air et les songes,* José Corti, 1943). **69.** Victor Hugo, « Tout le fond »... (L'orage qui vient, extrait, *Les Travailleurs de la mer,* 1866). Victor Hugo, « Quels sont ces bruits sourds »... (*Les Voix intérieures,* 1836). **70.** Maurice Fombeure, « Le vent passe »... (Et s'il pleut cette nuit, extrait, *A dos d'oiseau,* Éd. Gallimard, 1945). Michel Leiris, « Le soleil »... (La Néréïde de la mer rouge, *Haut mal,* Éd. Gallimard, 1943). **71.** Maurice Fombeure, « Retrouver au réveil »... (Réveil sous les nuits, extrait, *A dos d'oiseau,* Éd. Gallimard, 1945). **73.** Henri Bosco, « Cette invisible migration »... (Dans les collines de Provence, extrait, *Le Jardin d'Hyacinthe,* Éd. Gallimard, 1946). **75.** Paul Éluard, « Soir d'été »... (Matin d'hiver, matin d'été, extrait, *Poésie ininterrompue,* Éd. Gallimard, 1946). **77.** Aimé Césaire, « Et la tornade »... (extrait, *Soleil non coupé,* Éd. K., 1948). **78.** Maurice Fombeure, « Petite pluie »... (Au bord de l'irréel, extrait, *A dos d'oiseau,* Éd. Gallimard, 1945). **83.** Sénèque, « Ces feux présentent »... Anonyme, « ... le feu circulaire »... (extrait, *Le passage du Pôle arctique au Pôle antarctique par le centre du monde,* Éd. Verdier, 1980). **84.** Lucien Becker, « La nuit se couche au bord des routes »... (*Plein d'amour,* Éd. Gallimard, 1954). **92.** Géo Libbrecht, « Les étoiles dans ta valise »... (*Le Bouquet des ombres,* Éd. Seghers, 1955).

Nous remercions Messieurs les Auteurs et Editeurs qui nous ont autorisés à reproduire textes ou fragments de textes dont ils gardent l'entier copyright (texte orignal ou traduction). Nous avons par ailleurs, en vain, recherché les héritiers ou éditeurs de certains auteurs. Leurs œuvres ne sont pas tombées dans le domaine public. Un compte leur est ouvert à nos éditions.